四川省工程建设地方标准

四川省被动式太阳能建筑设计规范

DBJ51/T 019 – 2013

Technical Code for Passive Solar Buildings Design in Sichuan Province

主编单位：　中国建筑西南设计研究院有限公司
批准部门：　四 川 省 住 房 和 城 乡 建 设 厅
施行日期：　2 0 1 4 年 3 月 1 日

西南交通大学出版社

2014　成　都

图书在版编目（CIP）数据

四川省被动式太阳能建筑设计规范 / 中国建筑西南设计研究院有限公司编著. —成都：西南交通大学出版社，2014.5

ISBN 978-7-5643-3069-9

Ⅰ. ①四… Ⅱ. ①中… Ⅲ. ①太阳能建筑 – 建筑设计 – 设计规范 – 四川省 Ⅳ. ①TU29-65

中国版本图书馆 CIP 数据核字（2014）第 107670 号

四川省被动式太阳能建筑设计规范

主编单位　中国建筑西南设计研究院有限公司

责任编辑	杨　勇
助理编辑	姜锡伟
封面设计	原谋书装
出版发行	西南交通大学出版社 （四川省成都市金牛区交大路 146 号）
发行部电话	028-87600564　028-87600533
邮政编码	610031
网　　址	http: //press.swjtu.edu.cn
印　　刷	成都蜀通印务有限责任公司
成品尺寸	140 mm × 203 mm
印　　张	1.75
插　　页	1
字　　数	43 千字
版　　次	2014 年 5 月第 1 版
印　　次	2014 年 5 月第 1 次
书　　号	ISBN 978-7-5643-3069-9
定　　价	23.00 元

各地新华书店、建筑书店经销

关于发布四川省工程建设地方标准《四川省被动式太阳能建筑设计规范》的通知

川建标发〔2013〕627 号

各市州及扩权试点县住房城乡建设行政主管部门，各有关单位：

由中国建筑西南设计研究院有限公司主编的《四川省被动式太阳能建筑设计规范》，已经我厅组织专家审查通过，现批准为四川省推荐性工程建设地方标准，编号为 DBJ51/T 019－2013，自 2014 年 3 月 1 日起在全省实施。

该标准由四川省住房和城乡建设厅负责管理，中国建筑西南设计研究院有限公司负责技术内容解释。

四川省住房和城乡建设厅

2013 年 12 月 31 日

前　言

根据四川省住房和城乡建设厅《关于下达四川省工程建设地方标准〈四川省被动式太阳能建筑设计规范〉编制计划的通知》（川建标〔2012〕594号）的要求，标准编制组经广泛调查研究，认真总结实践经验，参考国内外相关标准，在广泛征求意见的基础上，制定本规范。

本规范共分为5章7个附录，主要内容是：总则、术语、基本规定、建筑设计、技术设计。

本规范由四川省住房和城乡建设厅负责管理，中国建筑西南设计研究院有限公司负责具体技术内容的解释。执行过程中如有意见或建议，请寄送中国建筑西南设计研究院有限公司建筑环境与节能设计研究中心（地址：四川省成都市天府大道北段866号；邮编：610042；Email：gao3066@126.com）。

本规范主编单位、参编单位和主要审查人：

主 编 单 位：中国建筑西南设计研究院有限公司

参 编 单 位：四川省建筑科学研究院

四川省建筑设计研究院

成都南玻玻璃有限公司

主要起草人：冯　雅　高庆龙　黎　力　戎向阳

向　莉　侯　文　钟辉智　南艳丽

王　晓　刘　洪

主要审查人：徐斌斌　邹秋生　储兆佛　韦延年

袁艳平　易建军

目　次

1 总 则

1.0.1 为贯彻国家有关节约能源、保护环境的法规和政策，促进被动式太阳能建筑技术的推广和应用，提高太阳能的利用效率和被动式太阳能建筑的设计质量，制定本规范。

1.0.2 本规范适用于四川省新建、改建、扩建工程的被动式太阳能建筑的设计。

1.0.3 被动式太阳能建筑的设计除应符合本规范外，还应符合国家和地方现行有关标准、规范的规定。

2 术 语

2.0.1 被动式太阳能建筑 passive solar building

通常指不借助任何机械装置，直接利用太阳能采暖或降温的建筑。

2.0.2 直接受益 direct gain

太阳辐射直接通过玻璃或其他透光材料进入需采暖的房间的采暖方式。

2.0.3 集热蓄热墙 thermal storage wall

利用建筑南向垂直的集热蓄热墙体或其他太阳能集热部件吸收穿过玻璃或其他透光材料的太阳辐射热，然后通过传导、辐射及对流的方式将热量送到室内的采暖方式，也称之为特隆布墙（Trombe wall）。

2.0.4 附加阳光间 attached sunspace

在建筑的朝阳面采用玻璃等透光材料建造的能够利用太阳能辐射，提高房间温室效应的封闭空间。

2.0.5 对流环路式 convective loop

在被动式太阳能建筑南墙设置太阳能空气集热墙或空气集热器，利用在墙体上设置的上下通风口进行对流循环的采暖方式。

2.0.6 集热部件 thermal storage component

主要用来完成被动式太阳能采暖系统集热功能的设施，如被动式太阳能建筑的直接受益窗、集热墙或附加阳光间。

2.0.7 蓄热体 thermal mass

能够吸收和储存热量的密实材料。

2.0.8 太阳日照百分率 percentage of sunshine

太阳日照时数与可日照时数的百分比。

2.0.9 外窗夜间传热系数 heat transmission coefficient of window at night

外窗采用夜间保温措施后，外窗与夜间保温的综合传热系数；是表征外窗夜间热量散失的一个物理量。

2.0.10 南向辐射温差比 the ratio of radiation and temperature difference on south

南向墙面得到的平均太阳辐射照度与室内外温差的比值。

3 基本规定

3.0.1 应结合所在地区的气候特征、技术水平、资源条件、经济条件和建筑的使用功能等要素，选择适宜的被动式技术进行被动式太阳能建筑设计。

3.0.2 被动式太阳能建筑冬季室内最低温度应大于 12 °C，昼夜温度波动不宜大于 10 °C。

3.0.3 根据不同的累年一月份平均气温、水平面或南向垂直墙面一月份太阳平均辐射照度，将被动式太阳能采暖气候分区划分为四个气候区，如表 3.0.3 所示。

表 3.0.3 四川省被动式太阳能气候分区

<table>
<tr><th colspan="2">被动式
太阳能采暖
气候分区</th><th>南向辐射
温差比
$ITR[W/(m^2 \cdot K)]$</th><th>一月份南向
垂直面太阳
辐照度 Is
（W/m^2）</th><th>典型城市</th></tr>
<tr><td rowspan="2">最佳气候区</td><td>A 区
(SH Ⅰ Ia)</td><td>$ITR > 8$</td><td>$Is \geqslant 150$</td><td>巴塘、攀枝花、米易、西昌、会东、盐边、木里、会理、盐源、理塘、稻城</td></tr>
<tr><td>B 区
(SHⅠb)</td><td>$ITR > 8$</td><td>$Is < 150$</td><td>得荣、普格、乡城、喜德、宁南、冕宁、德昌</td></tr>
<tr><td rowspan="2">适宜气候区</td><td>A 区
(SHⅡa)</td><td>$6 \leqslant ITR \leqslant 8$</td><td>$Is \geqslant 100$</td><td>布拖、丹巴、八美、九龙、新都桥、新龙、马尔康、阿坝、甘孜</td></tr>
<tr><td>B 区
(SHⅡb)</td><td>$4 \leqslant ITR < 6$</td><td>$Is \geqslant 100$</td><td>白玉、色达、石渠、若尔盖</td></tr>
<tr><td>一般气候区</td><td>A 区
(SHⅢa)</td><td>$6 \leqslant ITR \leqslant 8$</td><td>$50 \leqslant Is < 100$</td><td>汉源、甘洛、越西、南江、青川</td></tr>
</table>

续表

被动式太阳能采暖气候分区		南向辐射温差比 $ITR[W/(m^2 \cdot K)]$	一月份南向垂直面太阳辐照度 Is（W/m^2）	典型城市
一般气候区	B 区（SHⅢb）	$4 \leqslant ITR < 6$	$50 \leqslant Is < 100$	石棉、金阳、泸定、雅江、美姑、昭觉、九寨沟、康定、德格
不宜气候区	SHⅣ	—	$Is < 50$	成都、巴中、宝兴、苍溪、达州、大邑、大竹、丹棱、峨边、峨眉、富顺、高县、珙县、广安、广汉、广元、洪雅、夹江、犍为、简阳、剑阁、江安、乐山、乐至、雷波、邻水、隆昌、芦山、泸县、泸州、南充、遂宁、西充、雅安、宜宾、资中、梓潼、自贡

3.0.4 在冬季最冷月平均温度大于 −4 °C，水平面太阳能平均总辐射照度大于 150 W/m^2，日照率大于或等于 70%的太阳能丰富地区，应采用被动式太阳能采暖为主，其他主动式采暖系统为辅的方式进行采暖；在冬季日照率大于 55%、小于 70%，太阳能较丰富的地区，宜采用被动式太阳能进行辅助采暖。

3.0.5 应对被动式太阳能建筑的可行性进行评估，设计应符合以下规定：

1 在被动式太阳能建筑方案设计阶段，应对被动式太阳能建筑的运行效果进行预评估；

2 在建筑方案及初步设计文件中，应对被动式太阳能建筑技术进行专项说明；

3 在被动式太阳能建筑施工图设计阶段，应对建筑物的热工性能指标进行计算；

4 在施工图设计文件中，应对被动式太阳能建筑设计、施工与验收、运行与维护等技术要求进行专项说明。

4 建筑设计

4.0.1 建筑布局应满足被动式太阳能房的朝向、日照条件，主要开口宜避开冬季主导风向。

4.0.2 被动式太阳能采暖建筑平面宜规则，建筑造型不宜有大的凹凸变化。建筑外形设计宜遵循加大得热面面积和减少失热面面积的基本原则，建筑平面应选择东西轴长、南北轴短的平面形状。

4.0.3 建筑的主要朝向宜为南向或南偏东与南偏西不大于30°夹角范围内。

4.0.4 建筑南向采光房间的进深不宜大于窗上口至地面距离的 2.5 倍。

4.0.5 被动式太阳能建筑北向、东、西向外窗的热工性能应不低于国家和地方现行节能设计标准的要求，南向集热窗和屋面集热窗应符合表 4.0.5 的规定。

表 4.0.5 被动式太阳能建筑集热窗传热系数限值

集热方式	气候分区	被动式太阳能集热窗昼间传热系数限值 $K[W/(m^2 \cdot K)]$	被动式太阳能集热窗夜间综合传热系数限值 $K[W/(m^2 \cdot K)]$
直接受益式	严寒地区	≤3.0	≤0.40
	寒冷地区	≤3.2	≤0.60
	夏热冬冷地区	≤3.5	—
	温和地区	≤4.0	—
集热蓄热墙	严寒地区	≤5.5	—
	寒冷地区	≤5.0	—

续表

集热方式	气候分区	被动式太阳能集热窗昼间传热系数限值 K[W/(m²·K)]	被动式太阳能集热窗夜间综合传热系数限值 K[W/(m²·K)]
附加阳光间式	严寒地区	≤3.5	≤1.5
	寒冷地区	≤4.0	≤2.0
	夏热冬冷地区	≤5.5	—
	温和地区	≤5.5	—

4.0.6 被动式太阳能建筑围护结构热工指标应符合表4.0.6-1～4.0.6-4的规定。

表 4.0.6-1 严寒地区非透明围护结构热工性能参数限值

地区	围护结构部位	传热系数 K[W/(m²·K)]	
		≤3 层建筑	≥4 层建筑
严寒	屋面	≤0.25	≤0.30
	外墙	≤0.30	≤0.55
	架空或外挑楼板	≤0.30	≤0.45
	非采暖地下室顶板	≤0.35	≤0.50
	分隔采暖与非采暖空间的隔墙	≤1.2	≤1.2
	分隔采暖非采暖空间的户门	≤1.5	≤1.5
	围护结构部位	保温材料层热阻 R [(m²·K)/W]	
	周边地面	≥1.40	
	地下室外墙（与土壤接触的外墙）	≥1.50	

表 4.0.6-2 寒冷地区非透明围护结构热工性能参数限值

地区	围护结构部位	传热系数 K[W/(m^2·K)]	
		≤3 层建筑	≥4 层建筑
寒冷	屋面	≤0.35	≤0.45
	外墙	≤0.45	≤0.70
	架空或外挑楼板	≤0.45	≤0.60
	非采暖地下室顶板	≤0.50	≤0.65
	分隔采暖与非采暖空间的隔墙	≤1.5	≤1.5
	分隔采暖非采暖空间的户门	≤2.0	≤2.0
	围护结构部位	保温材料层热阻 R [(m^2·K)/W]	
	周边地面	≥1.10	
	地下室外墙（与土壤接触的外墙）	≥1.20	

表 4.0.6-3 夏热冬冷地区非透明围护结构热工性能参数限值

地区	围护结构部位	传热系数 K[W/(m^2·K)]	
		≤3 层建筑	≥4 层建筑
夏热冬冷地区	屋面	≤0.60	≤0.80
	外墙	≤0.70	≤1.00
	架空或外挑楼板	≤0.70	≤1.00
	分隔采暖空调与非采暖空调空间的隔墙	≤1.0	≤1.0
	分隔采暖空调与非采暖空调空间的户门	≤2.0	≤2.0

表 4.0.6-4 温和地区非透明围护结构热工性能参数限值

地区	围护结构部位	传热系数 $K[W/(m^2 \cdot K)]$		
		≤3 层建筑	4～8 层的建筑	≥9 层建筑
温和地	屋面	≤0.80	≤1.00	≤1.50
	外墙	≤1.50	≤1.50	≤1.50
	架空或外挑楼板	≤0.70	≤0.90	≤1.00

4.0.7 集热部件应与建筑功能、造型有机结合，应设置防止眩光、风、雨、雪、雷电、沙尘和夏季室内过热的技术措施。

5 技术设计

5.1 采 暖

5. 1. 1 被动式建筑采暖方式应根据采暖气候分区、太阳能利用效率和房间热环境设计指标，参照表 5.1.1 进行选用。

表 5.1.1 不同采暖气候分区采暖方式选用表

被动式太阳能建筑采暖气候分区		推荐选用的单项或组合式采暖方式
最佳气候区	最佳气候 A 区	集热蓄热墙式、附加阳光间式、直接受益式、对流环路式、蓄热屋顶式
	最佳气候 B 区	集热蓄热墙式、附加阳光间式、对流环路式、蓄热屋顶式
适宜气候区	适宜气候 A 区	直接受益式、集热蓄热墙式、附加阳光间式、蓄热屋顶式
	适宜气候 B 区	集热蓄热墙式、附加阳光间式、直接受益式、蓄热屋顶式
一般气候区		集热蓄热墙式、附加阳光间式、蓄热屋顶式

5. 1. 2 应根据建筑的功能需要，选择直接受益窗、集热（蓄热）墙、附加阳光间、对流环路等被动式集热装置。对主要在白天使用的房间，宜选用直接受益窗或附加阳光间式；对于以夜间使用为主的房间，宜选用具有较大蓄热能力的集热蓄热墙式和蓄热屋顶式。

5. 1. 3 直接受益窗设计应符合下列要求：

1 应对建筑的得热与失热进行热工计算；

2　应避免对南向集热窗的遮挡，合理确定窗格的划分、窗扇的开启方式与开启方向，减少窗框与窗扇的遮挡；

3　南向集热窗的窗墙面积比宜大于50%。

5.1.4　集热蓄热墙应符合以下规定：

1　集热蓄热墙向阳面外侧应安装太阳辐射透过率较高的玻璃等透光材料，集热蓄热墙构造和透光材料应坚固耐用、密封性好，便于清洗和维修；

2　集热蓄热墙的表面材料应选择吸收率高、耐久性强的吸热材料，墙体应有较大的热容量和导热系数；

3　集热蓄热墙的形式、面积和厚度应根据热工计算确定；

4　集热蓄热墙应设置对流通风口，风口的位置应保证气流通畅，设置手动开关，并便于日常维修与管理；

5　宜利用建筑结构构件作为集热蓄热体；

6　集热蓄热墙外侧透光材料应设置夏季通风口，以防止夏季室内过热。

5.1.5　附加阳光间式设计应符合以下规定：

1　附加阳光间应设置在南向或南偏东与南偏西夹角不大于30°范围内墙外侧；

2　组织好阳光间内热空气与室内空气的循环，阳光间与相邻采暖房间之间隔墙的开口面积宜大于20%，并能开闭；

3　阳光间内地面和墙面宜采用深色表面，并设计有效的夜间保温措施；

4　阳光间应进行夏季遮阳和通风设计，防止夏季过热。

5.1.6　被动式太阳能采暖的房间室内应考虑蓄热体的设计，减少室温波动。

1　墙体、地面应采用成本低、比热容大，且性能稳定、无毒、无害，吸热放热性能好的蓄热材料，有条件时宜设置专用的水墙或相变材料蓄热；

2　蓄热体应直接接收阳光照射，蓄热地面、墙面内表面不宜铺设隔热材料，如地毯、挂毯等；

3　蓄热体表面积宜为 3～5 倍的集热窗面积。

5.1.7　为减少太阳能集热面在夜间及阴天的散热损失，直接受益窗夜间应设保温窗帘或活动保温板等保温装置，集热蓄热墙或附加阳光间宜设保温装置。

5.2　遮阳与降温

5.2.1　室内热源散热量大的房间与相邻房间应设置隔热性能良好的隔墙和门窗，房间产生的废热应能直接排放到室外。

5.2.2　夏热冬冷、温和地区建筑屋面宜采用种植屋面或被动式蒸发冷却屋面。

5.2.3　夏热冬冷、温和地区建筑外墙、屋面外饰面层宜采用浅色材料、外遮阳及绿化等隔热措施，外饰面材料太阳吸收率宜小于 0.40。

5.2.4　夏季室外计算湿球温度较低、气温日较差较大的干热地区，应采用被动式直接蒸发冷却降温方式。

5.2.5　应组织好建筑的自然通风，优先合理利用建筑的穿堂风、烟囱效应和风塔等形式进行被动式通风降温。

5.2.6　宜采用可开启的外窗或专设自然通风的进风口和排风口。

附录A 四川省太阳能资源区划

A. 0. 1 为了便于太阳能资源的开发与利用，按年总太阳辐射量地域分布，四川的太阳能资源可以划分为三个区域，如表A.0.1所示。

表 A.0.1 四川省太阳能资源区划

名称	年总太阳辐射量 [kW · h/(m^2 · a)]	地 区
太阳能资源富集地区	1400 ~ 1750	布拖、丹巴、喜德、新都桥、八美、乡城、普格、德昌、木里、阿坝、色达、宁南、石渠、若尔盖、巴塘、西昌、会东、甘孜、米易、盐边、会理、稻城、理塘、攀枝花、盐源、仁和等
太阳能资源丰富地区	1050 ~ 1400	万源、蓬安、简阳、通江、射洪、西充、汉源、宣汉、仪陇、甘洛、南江、金阳、九寨沟、越西、康定、德格、美姑、雅江、得荣、昭觉、新龙、九龙、马尔康、冕宁、白玉等
太阳能资源一般地区	< 1050	成都、宝兴、峨眉、荥经、屏山、名山、南溪、天全、芦山、沐川、马边、洪雅、雅安、彭山、大邑、丹棱、邛崃、双流、夹江、犍为、珙县、宜宾、富顺、乐山、新津、自贡、井研、兴文、峨边、长宁、江安、平昌、浦江、邻水、筠连、新都、高县、南充、梓潼、仁寿、郫县、宜宾县、泸州、青川、隆昌、雷波、达州、阆中、资中、青神、岳池、遂宁、广汉、广安、金堂、安岳、泸定、渠县、内江、叙永、泸县、纳溪、大竹、剑阁、三台、盐亭、旺苍、合江、南部、营山、石棉、乐至、苍溪、蓬溪、武胜、荣县、开江、广元、巴中等

附录 C　典型玻璃的光学、热工性能参数

玻璃类型（mm）	可见光透射比 T_v	太阳能总透射比 g_g	遮阳系数 SC	中部传热系数 K[W/(m^2·K)]
3 透明玻璃	0.83	0.87	1.00	5.8
6 透明玻璃	0.77	0.82	0.93	5.7
12 透明玻璃	0.65	0.74	0.84	5.5
5 绿色吸热玻璃	0.77	0.64	0.76	5.7
6 蓝色吸热玻璃	0.54	0.62	0.72	5.7
5 茶色吸热玻璃	0.50	0.62	0.72	5.7
5 灰色吸热玻璃	0.42	0.60	0.69	5.7
6 高透光阳光镀膜玻璃	0.56	0.56	0.64	5.7
6 中透光阳光镀膜玻璃	0.40	0.43	0.49	5.4
6 低透光阳光镀膜玻璃	0.15	0.26	0.30	4.6
6 特低透光阳光镀膜玻璃	0.11	0.25	0.29	4.6
6 高透光低辐射（Low－E）玻璃	0.61	0.51	0.58	3.6
6 中透光低辐射（Low－E）玻璃	0.55	0.44	0.51	3.5
6 透明+12A+6 透明	0.71	0.75	0.86	2.8
6 绿色吸热+12A+6 透明	0.66	0.47	0.54	2.8
6 灰色吸热+12A+6 透明	0.38	0.45	0.51	2.8
6 中透光热发射+12A+6 透明	0.28	0.29	0.34	2.4
6 低透光热发射+12A+6 透明	0.16	0.16	0.18	2.3
6 高透光 Low－E+12A+6 透明	0.72	0.47	0.62	1.9
6 中透光 Low－E+12A+6 透明	0.62	0.37	0.50	1.8
6 较低透光 Low－E+12A+6 透明	0.48	0.28	0.38	1.8
6 低透光 Low－E+12A+6 透明	0.35	0.20	0.30	1.8
6 高透光 Low－E+12 氩气+6 透明	0.72	0.47	0.62	1.5
6 中透光 Low－E+12 氩气+6 透明	0.62	0.37	0.50	1.4
普通中空玻璃 6 透明+9A+6 透明	0.71	0.75	0.86	2.9

附录D 典型玻璃配合不同窗框的整窗传热系数

玻璃品种及规格（mm）		玻璃中部传热系数 K_g[W/(m²·K)]	传热系数 K[W/(m²·K)]				
			非隔热金属型材 K_f=10.8 W/(m²·K)，窗框面积 15%	隔热金属型材 K_f=5.8 W/(m²·K)，窗框面积 20%	塑料型材 K_f=2.7 W/(m²·K)，窗框面积 25%	木框 K_f=2.4W/(m²·K)，窗框面积 25%	多腔塑料型材 K_{Kf}=2.0W/(m²·K)，窗框面积 25%
透明玻璃	6 透明玻璃	5.7	6.5	5.6	4.7	4.5	4.2
	12 透明玻璃	5.5	6.3	5.5	4.6	4.5	4.2
吸热玻璃	5 绿色吸热玻璃	5.7	6.5	5.6	4.7	4.5	4.2
	6 蓝色吸热玻璃	5.7	6.5	5.6	4.7	4.5	4.2
	5 茶色吸热玻璃	5.7	6.5	5.6	4.7	4.5	4.2
	5 灰色吸热玻璃	5.7	6.5	5.6	4.7	4.5	4.2
热反射玻璃	6 高透光热反射玻璃	5.7	6.5	5.6	4.7	4.5	4.2
	6 中透光热反射玻璃	5.4	6.2	5.5	4.6	4.3	4.2
	6 低透光热反射玻璃	4.6	5.5	4.8	4.1	4.0	4.0
	6 特低透光热反射玻璃	4.6	5.5	4.8	4.1	4.0	4.0
单片 Low－E	6 高透光 Low－E 玻璃	3.6	4.7	4.0	3.4	3.3	3.3
	6 中等透光 Low－E 玻璃	3.5	4.6	4.0	3.3	3.2	3.2
中空玻璃	6 透明+9A/12A+6 透明	3.0/2.8	4.1/4.0	3.4/3.2	2.9/2.7	2.8/2.5	2.8/2.4
	6 透明+16A/20A+6 透明	2.7/2.4	3.9/3.7	3.2/3.1	2.7/2.5	2.5/2.4	2.4/2.3
	6 灰色吸热+9A/12A+6 透明	2.9/2.8	4.1/4.0	3.4/3.4	2.9/2.8	2.7/2.6	2.7/2.6

续表

玻璃品种及规格（mm）		玻璃中部传热系数 K_g[W/(m^2·K)]	传热系数 K[W/(m^2·K)]				
			非隔热金属型材 K_f=10.8 W/(m^2·K)，窗框面积 15%	隔热金属型材 K_f=5.8 W/(m^2·K)，窗框面积 20%	塑料型材 K_f=2.7 W/(m^2·K)，窗框面积 25%	木框 K_f=2.4W/(m^2·K)，窗框面积 25%	多腔塑料型材 K_{Kf}=2.0W/(m^2·K)，窗框面积 25%
中空玻璃	6 绿色吸热+9A/12+6 透明	2.9/2.8	4.1/4.0	3.4/3.4	2.9/2.8	2.7/2.6	2.7/2.6
	6 中透光热反射+9A/12A+6 透明	2.6/2.4	3.9/3.7	3.3/3.1	2.7/2.5	2.5/2.4	2.5/2.3
	6 低透光热反射+9A/12A+6 透明	2.5/2.3	3.8/3.6	3.3/3.1	2.6/2.4	2.4/2.3	2.4/2.2
	6 高透光 Low－E+9A/12A+6 透明	2.1/1.9	3.4/3.2	2.7/2.5	2.3/2.1	2.1/2.0	2.1/2.0
	6 中透光 Low－E+9A/12A +6 透明	2.0/1.8	3.4/3.2	2.6/2.4	2.2/2.0	2.1/1.9	2.1/1.9
	6 较低透光 Low－E+9A/12A+6 透明	2.0/1.8	3.4/3.2	2.6/2.4	2.2/2.0	2.1/1.9	2.1/1.9
	6 低透光 Low－E+9A/12A+6 透明	2.0/1.8	3.4/3.2	2.6/2.4	2.2/2.0	2.1/1.9	2.1/1.9
	6 高透光 Low－E+9 氩气/12 氩气+6 透明	1.7/1.5	2.9/2.7	2.4/2.2	2.0/1.8	1.9/1.7	1.9/1.7
	6 中透光 Low－E+9 氩气/12 氩气+6 透明	1.6/1.4	3.0/2.8	2.3/2.1	1.9/1.7	1.8/1.6	1.8/1.6
	6 透明+6 空气+6 透明+6 空气+6 透明	2.1	3.4	2.8	2.3	2.1	2.1
	6 透明+9 空气+6 透明+9 空气+6 透明	1.9	3.2	2.6	2.1	1.9	2.0
	6 透明+12 空气+6 透明+12 空气+6 透明	1.8	3.1	2.5	2.0	1.8	1.8
	6 中透光 Low+9 空气+6 透明+9 空气+6 透明	1.5	2.9	2.2	1.7	1.6	1.6
	6 中透光 Low－E+6 空气+6 透明+6 空气+6 透明	1.8	3.2	2.5	2.0	1.8	1.7

注：5 mm 玻璃与 6 mm 玻璃传热系数差别很小，设计时 5 mm 玻璃组成的不同品种及规格的外窗可参照 6 mm 玻璃的外窗热工参数选用。

附录E 四川省主要城市建筑用气象参数

气候区	地名	纬度(°)	经度(°)	海拔高度(m)	HDD18	CDD26	最热月平均温度(°C)	最冷月平均温度(°C)	极端最高温度(°C)	极端最低温度(°C)	平均大气压(Pa)	平均风速(m/s)	平均最大风速(m/s)	冬至日正午太阳高度角
严寒—寒冷地区	巴塘	30.00	99.10	2589.2	2100	5	19.9	4.2	38.0	−16.0	77818	1.2	3.7	36°44′
	道孚	30.98	101.11	2957.2	3599	0	16.2	−1.1	34.0	−21.7	70942	1.4	4.5	35°45′
	稻城	29.05	100.30	3727.7	4762	0	12.4	4.8	32.0	−27.6	65691	2.4	5.9	37°41′
	德格	31.80	98.58	3184.0	4088	0	14.9	2.2	35.0	−20.2	71577	1.4	4.1	34°56′
	甘孜	31.61	100.00	3393.5	4414	0	14.1	−4.2	31.1	−28.9	72923	1.9	5.5	35°7′
	红原	32.80	102.55	3491.6	6036	0	11.0	−8.9	31.0	−36.0	66598	2.3	5.5	33°56′
	九龙	29.00	101.50	2987.3	3313	0	15.4	1.4	34.0	−16.1	73598	2.7	6.4	37°44′
	康定	30.05	101.96	2615.7	3873	0	15.8	−2.0	34.0	−24.0	76740	3.1	7.5	36°41′
	马尔康	31.90	102.23	2664.4	3390	0	11.8	0.5	27.2	−25.0	73475	1.4	4	34°50′
	若尔盖	33.58	102.96	3439.6	5972	0	11.2	9.9	27.0	−31.1	69185	2.4	5.3	33°9′
	色达	32.28	100.33	3893.9	6352	0	10.4	10.6	29.2	−32.8	65180	2.2	5.9	34°27′
	松潘	32.65	103.56	2850.7	4218	0	15.0	−3.4	32.0	−24.0	75894	1.4	3.7	34°5′
	理塘	30.00	100.27	3949.0	5194	0	11.0	−5.3	32.8	−30.6	62956	2.2	6.4	36°44′
夏热冬冷地区	成都	30.66	104.01	506.1	1484	58	25.7	5.8	39.3	−3.6	95684	1.2	3	36°4′
	达县	31.20	107.50	344.9	1419	187	27.7	6.2	45.0	−4.7	97429	1.3	2.9	35°32′
	乐山	29.56	103.75	424.2	1294	76	26.5	7.2	42.8	−4.3	96546	1.2	2.4	37°10′
	泸州	28.88	105.43	334.8	1199	161	27.2	7.7	40.3	−0.8	97527	1.5	2.9	37°51′
	内江	29.58	105.05	347.1	1254	148	27.0	7.3	41.0	−3.0	97527	1.7	3.3	37°9′
	南充	30.78	106.10	309.3	1345	184	27.7	6.5	41.3	−2.6	97819	1.1	2.7	35°57′
	雅安	29.98	103.00	627.6	1461	54	25.5	6.4	37.7	−3.9	94355	1.6	3.5	36°45′
	绵阳	31.47	104.68	471.0	1486	53	26.5	5.6	37.0	−7.3	95998	1.1	—	35°15′
	宜宾	28.80	104.60	341.0	1044	107	27.1	8.6	39.5	−3.0	97472	0.7	3.3	37°56′
	自贡	29.21	104.41	354.9	1121	134	27.1	8.2	40.0	−2.8	97499	1.6	3.6	37°31′
温和地区	攀枝花	26.58	101.72	1190.1	414	80	26.2	11.7	40.4	−1.3	88560	1.5	3.7	40°9′
	会理	26.65	102.25	1787.1	1340	2	21.2	7.9	39.0	−7.0	83901	1.6	4	40°5′
	西昌	27.90	102.26	1590.9	1034	18	22.7	9.8	37.1	−5.9	85715	1.5	3.8	36°44′

附录F 四川省建筑节能气候分区图

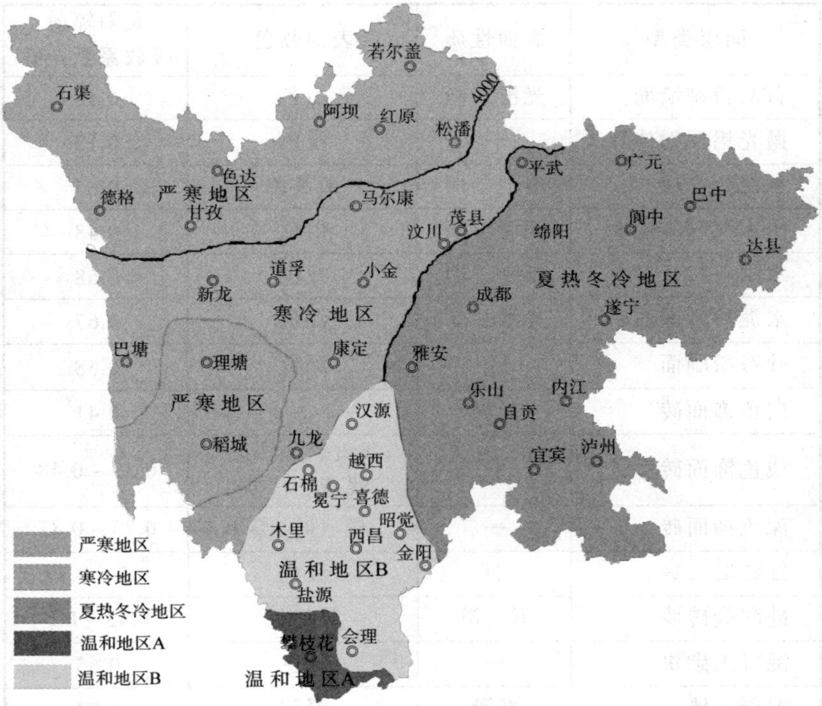

图 F.0.1 四川省建筑节能设计气候分区示意图

附录G 常用建筑材料太阳辐射吸收系数ρ值

面层类型	表面性质	表面颜色	太阳辐射吸收系数ρ值
石灰粉刷墙面	光滑、新	白色	0.48
抛光铝反射体片	—	浅色	0.12
水泥拉毛墙	粗糙、旧	米黄色	0.65
白水泥粉刷墙面	光滑、新	白色	0.48
水刷石	粗糙、旧	浅色	0.68
水泥粉刷墙面	光滑、新	浅灰	0.67
砂石粉刷面	—	深色	0.58
白色饰面砖	光亮		0.41
浅色饰面砖	—	浅黄、浅白、浅蓝、浅灰	0.39 ~ 0.48
深色饰面砖	—	红、橙、褐、深灰等	0.73 ~ 0.87
红砖墙	旧	红色	0.7 ~ 0.77
硅酸盐砖墙	不光滑	黄灰色	0.45 ~ 0.5
混凝土砌块	—	灰色	0.65
混凝土墙	平滑	深灰	0.73
红褐陶瓦屋面	旧	红褐	0.65 ~ 0.74
灰瓦屋面	旧	浅灰	0.52
水泥屋面	旧	素灰	0.74
水泥瓦屋面	—	深灰	0.69
绿豆砂保护屋面	—	浅黑色	0.65

续表

白石子屋面	粗糙	灰白色	0.62
浅色油毛毡屋面	不光滑、新	浅黑色	0.72
黑色油毛毡屋面	不光滑、新	深黑色	0.86
绿色草地	—	—	0.78 ~ 0.80
水（开阔湖、海面）	—	—	0.96
棕色、发色喷泉漆	光亮	中棕、中绿色	0.79
红涂料、油漆	光平	大红	0.74
白色涂料	光亮	—	0.39
浅色涂料	光亮	浅黄、浅红、浅蓝、浅灰	0.42 ~ 0.49
深色涂料	光亮	红、深灰、橙等	0.71 ~ 0.93
白色金属饰面板（金属漆）	光亮	—	0.36
浅色金属饰面板（金属漆）	光亮	浅黄、浅红、浅蓝、浅灰	0.39 ~ 0.47
深色金属饰面板（金属漆）	光亮	红、深灰、橙等	0.71 ~ 0.83

本规范用词说明

1 为便于在执行本规范条文时区别对待，对要求严格程度不同的用词说明如下：

1）表示很严格，非这样做不可的：

正面词采用“必须”，反面词采用“严禁”。

2）表示严格，在正常情况下均应这样做的：

正面词采用“应”，反面词采用“不应”或“不得”。

3）表示允许稍有选择，在条件许可时首先应这样做的：

正面词采用“宜”；反面词采用“不宜”。

4）表示有选择，在一定条件下可以做的，采用“可”。

2 条文中指明应按其他有关标准执行的写法为：“应符合……的规定”或“应按……执行”。

引用标准名录

1 《被动式太阳能建筑设计技术规程》JGJ/T 267—2012
2 《四川省居住建筑节能设计标准》DB51/T 5027—2012
3 《民用建筑热工设计标准》GB 50176—93
4 《公共建筑节能设计标准》GB 50189—2005
5 《建筑采光设计标准》GB/T 50033—2013

四川省工程建设地方标准

四川省被动式太阳能建筑设计规范

DBJ 51/T019 – 2013

条 文 说 明

目　　次

1 总 则

1.0.1 被动式太阳能建筑是世界范围内可再生能源应用技术最经济、最简单、最可靠的技术之一，强调直接利用阳光、风力、气温、湿度、地形等场地自然条件，通过优化规划和建筑设计，实现建筑在非机械、不耗能或少耗能的运行方式下，全部或部分满足建筑采暖降温等要求，达到降低建筑使用能耗，提高室内环境性能的目标。被动式太阳能建筑技术通常包括自然采光，自然通风，围护结构的保温、隔热、遮阳、集热、蓄热等。

我国正处于快速城镇化和大规模建设时期，在建筑的全生命周期内，推广被动式太阳能建筑理念和技术，对于节约资源和能源、实现与自然和谐共生具有重要意义。制定本规范的目的是引导人们从规划阶段入手，在建筑设计的过程中，科学、合理地应用被动式太阳能建筑理念和技术，促进建筑的可持续发展。

我省川西高原和攀西地区是我国太阳辐射能资源最富集的地区。这一地区尘埃和水汽含量少，大气透明度高，太阳辐射穿过大气层时损失量小，地面辐射强度远远高于同纬度其他地区；云天日数少，日照 6 h 以上的年平均天数在 280 ~ 330 d，全年日照时数为 2900 ~ 3400 h（西昌为 3000 h），年辐射总量为 7000 ~ 8400 MJ/m^2。考虑到高原地区冬季漫长但冬季最冷月平均气温相对较高的特点，川西高原和攀西地区成为适宜建设被动式太阳能建筑的地区。

1.0.2 本规范的应用范围表明了四川省内各城镇规划区新建、改建和扩建的被动式太阳能建筑设计，包括局部采用被动式太阳能技术的建筑，以及既有建筑改造中被动式太阳能建筑设计。

1.0.3 本规范主要对被动式太阳能建筑设计中技术指标和技术措施作出了规定。但被动式太阳能建筑设计涉及的专业较多，相关专业均制定有相应的标准，在进行被动式太阳能建筑设计时，除应符合本规范外，尚应符合国家现行有关标准的规定。

2 术 语

2.0.1 被动式太阳能建筑　passive solar building

利用建筑的合理布局、建筑构造与材料的选用有效吸收、储存、分配太阳能，使其在冬季能集取、蓄存并分布太阳能，并解决建筑物的采暖问题；同时在夏季又能遮蔽太阳辐射，冷却建筑，及时地散逸室内热量，从而解决建筑物的降温问题。

2.0.2 直接受益　direct gain

太阳辐射直接通过玻璃或其他透光材料进入室内，直接加热采暖房间，是被动式太阳能采暖中最简单的一种形式。通常直接利用南向窗直接进入被采暖的房间，被室内地板、墙壁、家具等吸收后转变为热能，给房间供暖。

2.0.3 集热蓄热墙　thermal storage wall

用实体墙进行太阳能的收集和蓄存的部件称为集热蓄热墙式。利用南向垂直的集热蓄热墙体或其他太阳能集热部件吸收穿过玻璃或其他透光材料的太阳辐射热，然后通过传导、辐射及对流的方式将热量送到室内的采暖方式。

集热蓄热墙又称特隆布墙（Trombe wall），在南墙上除实体墙以外的墙面上覆盖玻璃，墙表面涂成黑色，在墙的上下留有通风口，以使热风自然对流循环，把热量交换到室内。一部分热量通过热传导把热量传送到墙的内表面，然后以辐射和对流的形式向室内供热；另一部分热量把玻璃罩与墙体间夹层内的空气加热，热空气由墙体上部分的风口向室内供热。室内冷空气由墙体下风口进入墙外的夹层，再由太阳加热进入室内，如此反复循环，向室内供热。

2.0.4 附加阳光间　attached sunspace

是实体墙式和直接受益式被动式太阳房的混合变形。阳光间附加在采暖房间外面，整个太阳房分为两个可活动的空间，其公共墙是集热蓄热墙。

附加阳光间通常指在建筑物的南侧采用玻璃等透光材料建造的封闭空间，空间内的温度因温室效应升高。阳光间既可以对房间进行采暖，又可以作为一个缓冲区，减少房间的热损失。阳光间白天可向室内供热，晚间可作房间的保温层。东西朝向的阳光间提供的热量比南向少一些，且夏季西向阳光间会产生过热，因而不宜采用。北向虽不能提供太阳热能，但可获得介于室内与室外之间的温度，从而减少房间的热量损失。

2. 0. 5 对流环路式 convective loop

对流环路式是在无太阳照射时，不损失热量的方式。其主要运行方式是利用南向外墙中的对流环路板（又称空气集热板），补充南向窗户直接提供太阳热能的不足。对流环路板是一层或两层高透光率玻璃或阳光板，其后覆盖一层黑色金属吸热板，吸热板后面有保温层。空气可流经吸热板前或前后两面的通道。

2. 0. 8 太阳日照百分率 percentage of sunshine

可能日照时数分为天文可能日照时数与地理可能日照时数两种，因而，分别有天文日照百分率与地理日照百分率。天文可能日照时数取决于当地的纬度，而地理可能日照时数除与纬度有关外，还受当地的其他地理条件的影响。通常所说的日照百分率一般指天文日照百分率。日照百分率具有可比性，如此值愈小，表明当地阴天愈多，光照愈短；愈大则表明当地晴天愈多，光照愈长。

2. 0. 10 辐射温差比 the ratio of radiation and temperature difference on south

本标准中采用最冷月南向墙面得到平均太阳辐照度与室内外温差的比值作为太阳能气候分区的指标之一，其中室内外温差比为最冷月平均温度与 16 °C 的差值。

3 基本规定

3.0.1 由于我省川西高原和攀西虽然属于太阳能丰富的地区，但技术经济水平也比较落后，太阳能采暖集热方式应根据这一地区的气候、能源、技术经济条件及管理维护水平来确定，应在经济可行性条件下进行被动式太阳房采暖设计。因此，在进行被动式太阳能建筑的设计时，应因地制宜，遵循适用、坚固、经济的原则，并应注意建筑造型美观大方，符合地域文化特点，与周围建筑群体相协调，同时必须兼顾所在地区气候、资源、生态环境、经济水平等因素，合理地选择被动式采暖与降温技术策略。

3.0.2 被动式太阳能建筑应符合《中华人民共和国室内空气质量标准》（GB/T 18883—2002）的相应规定。主要居室在无辅助热源的条件下，室内平均温度应达到 12 °C。由于被动式太阳能建筑室内热环境受室外气候影响很大，室内温度波动大，难以达到稳定的热环境，而 12 °C 是人体热舒适可接受标准，因此，规定室内平均温度应达到 12 °C，室温日波动范围不应大于 10 °C。

3.0.3 由于我省各地气候差异很大，为了使被动式太阳能建筑适应各地不同的气候条件，尽可能地节约能源，综合考虑累年一月份平均气温、一月份南向垂直墙面太阳辐射照度划分出不同的被动式太阳能建筑设计气候区。

某地方是否可以采用被动式太阳能采暖建筑设计，应该用不同的指标进行分类。被动式太阳能采暖建筑设计除了一月份水平面和南向垂直墙面太阳辐射照度主要因素外，还与一年中最冷月的平均温度有直接的关系。当太阳辐射很强时，即使一年中最冷月的平均温度较低，在不采用其他能源采暖时，室内最低温度也能达到 12 °C 以上。因此，本规范用累年一月份南向辐射温差比、一月份南向垂直墙面太阳辐射照度作为被动式太阳能采暖建筑设计气候分区的指标更为科学。

各气候区各城市依据本地的累年一月份平均气温、一月份水平面和南向垂直墙面太阳辐射照度值与相邻不同气候区城市作比较，选择气候类似的邻近城市作为气候分区区属。建筑设计阶段是决定建筑全年能耗的重要环节。在进行建筑规划及建筑设计过程中，应充分考虑地域气候条件和太阳能资源，巧妙地利用室外气候的季节变化和周期性波动规律，综合运用保温隔热、热质构件的蓄放热特性、自然通风、被动式采暖降温技术等建筑气候设计方法，以最大限度地降低建筑全年调节的能量需求。

需要说明的是，本条文的分区指的是冬季被动式利用太阳能气候分区，与本规范附录 A 中的太阳能资源区划既有联系又有区别。区别在于，太阳能资源分区指标为全年的太阳辐射量，各分区之间的代表城市会有交叉，均因分区指标差别所致。

3. 0. 4 被动式太阳能建筑是冬季采暖最简单、最有效的一种形式。尤其在冬季水平面平均太阳总辐射照度大于 100 W/m^2 以上丰富的地区，只要建筑围护结构具有良好的热工性能，被动式太阳能建筑可以达到规范规定室内热环境的基本要求。如我省攀西、甘孜等地建筑南向房外墙采用直接受益式被动式太阳能采暖，冬季可提高室温 5 ~ 10 °C。由于被动式太阳能建筑在阴天和夜间不能保证稳定的室内温度，而且房间的朝向也限制了被动式太阳能建筑的广泛采用，因此，应采用其他主动式采暖系统进行辅助采暖。在我省日照率大于 55%、小于 70%的太阳能较丰富地区，由于冬季室外平均温度低，被动式太阳能建筑不能保证室内热环境达到所要求的基本规范。因此，应根据当地的能源结构采用其他主动式采暖系统进行采暖才能保证采暖的可靠性和室内环境的舒适要求，采用被动式太阳能进行辅助采暖，以达到节能的目的。

3.0.5 对被动式太阳能建筑的设计和运行进行评估是为了提高被动式太阳能建筑的节能效益、技术经济效益和环保效益，科学合理地进行被动式太阳能建筑的设计和建造。被动式太阳能建筑除必须遵守建筑现行相关设计、施工标准、规程之外，还有其他的特殊要求，所以应在规划设计、建筑设计和系统设计方案阶段的设计文件节能专篇中，对被动式太阳能建筑技术进行说明。在施工图设计文件中应对被动式太阳能建筑的施工与验收、运行与维护等技术要求进行说明，特别应对特殊构造部位（例如集热墙、夹心墙、保温隔热层、防水等部位）和重点施工部位，以及重要材料或非常规材料，如透光材料、蓄热材料以及非定型构件、防水材料的铺设等技术验收要求进行说明。

4　建筑设计

4.0.1　被动式太阳能建筑设计是一个系统工程，从规划开始阶段就应该考虑设计与当地气候、自然地理、建筑的使用功能等相协调，尽可能利用自然气候资源，有利于集热和降温，减少后期的建筑单体以及建筑的耗能。太阳能建筑设计以太阳能利用为宗旨。因此在规划阶段需要着重考虑建筑的总体布局，在冬季应能够争取最大的日照，充分集热、蓄热，减少建筑热损失，避开主导风向，可以在一定程度上减少冷风渗透部分的散热量。由于我省攀西地区夏季气候温和，夏季太阳辐射强但气温并不高，可以结合自然通风设计达到降温的目的，所以综合考虑建筑平、立面设计，窗口开启朝向和开启方式，做好自然通风设计。

通常冬季 9 点至 15 点间 6 h 中太阳辐射照度值占全天总太阳辐射照度的 90%左右，被动式太阳能建筑日照间距应保证冬至日正午前后 4～6 h 的日照，并且在 9 点至 15 点间没有较大遮挡。

冬季防风不仅能提高户外活动空间的舒适度，同时也能减少建筑由冷风渗透引起的热损失。在冬季上风向处，利用地形或周边建筑、构筑物及常绿植被为建筑竖立起一道风屏障，避免冷风的直接侵袭，有效减少冬季的热损失。一个单排、高密度的防风林（穿透率为 36%），距 4 倍建筑高度处，风速会降低 90%，同时可以减少被遮挡的建筑 60%的冷风渗透量，节约常规能源的 15%。适当布置防风林的高度、密度与间距会收到很好的挡风效果。

4.0.2　在我省不同气候区，气候差异很大。严寒和寒冷地区建筑能耗主要是冬季采暖能耗，建筑室内外温差相当大，外围护结构传热损失占主导地位。单位建筑面积对应的外表面面积越大，在相应建筑物各部分围护结构传热系数和窗墙面积比不变的条件下，传热损失就越大。这表明单位建筑空间散热面积越大，能耗越多。因此，从降低建筑能耗的角度出发，应尽可能地减少房间的外围护面积，使体形不要太复杂，凹凸面不要过多，避免因凸凹太多形成外墙面积大的缺点，以达到节能的目的。被动式太阳能采暖建筑设计对外形的基本原则，要求外形设计宜遵守尽量加大得热面面积和减少失热面面积的基本原则，建筑平面应选择东西轴长、南北轴短的平面形状。

4. 0. 3 当接收面面积相同时，由于方位的差异，其各自所接收到的太阳辐射也不相同。设朝向正南的垂直面在冬季所能接收到的太阳辐射量为 100%，则其他方向的垂直面所能接收到的太阳辐射量如图 4.0.3 所示。从图中看出，当集热面的方位角超过 30°时，其接收到的太阳能量就会急剧减少。因此，为了尽可能多地接收太阳辐射热，应使建筑的方位限制在偏离正

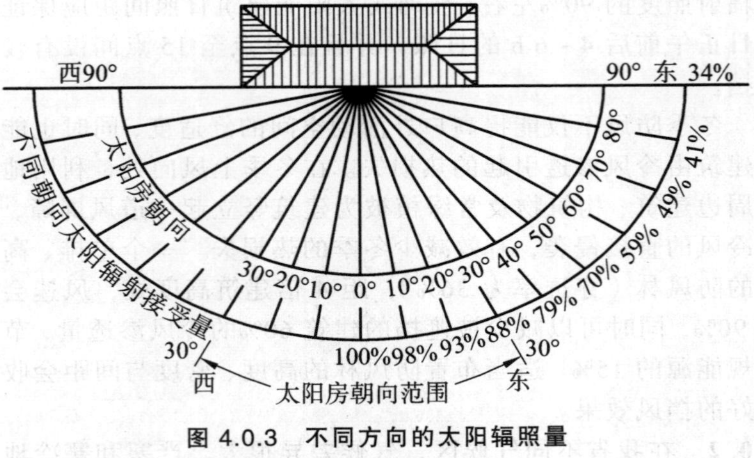

图 4.0.3 不同方向的太阳辐照量

南±30°以内。最佳朝向是南向，以及南偏东西 15°朝向范围。超过了这一限度，不但影响冬季太阳能的采暖效果，而且会造成其他季节的过热现象。

4. 0. 5 被动式太阳能建筑获取太阳热能主要靠南向集热窗，而它既是得热部件，又是失热部件，必须通过计算分析来确定窗口的开窗面积和窗的热工性能，使其在冬季进入室内的热量大于其向外散失的热量。冬季采暖通过窗口进入室内的太阳辐射有利于建筑的节能，因此，本条规定的集热窗传热系数限值表中，除南向外，其他朝向外窗必须满足节能标准的要求，条文增大了南窗的面积，同时减少了窗向室外的传热损失。

4. 0. 6 本条款规定了我省不同气候区被动式太阳能建筑围护结构的热工性能指标，从被动式太阳能建筑的热工分析来看，公共建筑与居住建筑差别较小，公共建筑和居住建筑采用相同的围护结构热工性能指标。除此之外，外围护结构的保温性能尚应不低于所在地区、国家或地方现行节能设计标准的要求。

5 技术设计

5.1 采 暖

5.1.1 本条是针对进行被动式太阳能采暖建筑设计给出总的设计原则。

5.1.2 被动式太阳能采暖三种基本集热方式具有各自的特点和适用性。被动式太阳能采暖按照南向集热方式分为直接受益式、集热蓄热墙式、附加阳光间式三种基本集热方式，可根据使用情况采用其中任何一种基本方式。直接受益式或附加阳光间式白天升温快，日夜温差大，因而适用于在白天使用的房间，如起居室。集热蓄热墙白天升温慢，夜间降温也慢，日夜温差小，因而适用于主要在夜间使用的房间。

但由于每种基本形式各有其不足之处，如直接受益式会产生过热现象，集热蓄热墙式构造复杂，操作稍显烦琐，且与建筑立面设计难于协调。因此在设计中，建议采用两种或三种集热方式相组合的复合式太阳能采暖建筑。

三种太阳能系统的集热形式、特点和适用范围见表 5.1.2。

这三种基本集热方式具有各自的特点和适用性，对起居室（堂屋）等主要在白天使用的房间，为保证白天的用热环境，宜选用直接受益窗或附加阳光间。对于卧室等以夜间使用为主的房间（卧室等），宜选用具有较大蓄热能力的集热蓄热墙。

表 5.1.2 被动式太阳能建筑基本集热方式及特点

基本集热方式	集热及热利用过程	特点及适应范围
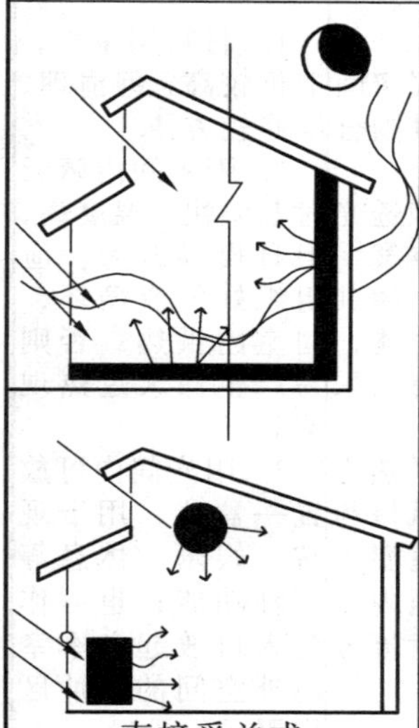 直接受益式	1. 采暖房间开设大面积南向玻璃窗，晴天时阳光直接射入室内，使室温上升； 2. 射入室内的阳光照到地面、墙面上，使其吸收并蓄存一部分热量； 3. 夜晚室外降温时，将保温帘或保温窗扇关闭，此时蓄存在地板和墙内的热量开始向外释放，使室温维持在一定水平	1. 构造简单，施工、管理及维修方便； 2. 室内光照好，也便于建筑外形处理； 3. 晴天时升温快，白天室温高，但日夜波幅大； 4. 较适用于主要为白天使用的房间
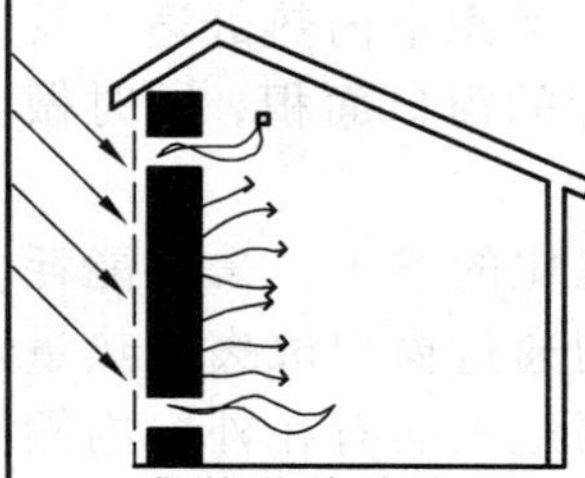 集热蓄热墙式	1. 在采暖房间南墙上设置带玻璃外罩的吸热墙体，晴天时接受阳光照射。 2. 阳光透过玻璃外罩照到墙体表面使其升温，并将间层内空气加热。 3. 供热方式：被加热的空气靠热压经上下风口与室内空气对流，使室温上升；受热的墙体传热至内墙面，夜晚以辐射和对流方式向室内供热	1. 构造较直接受益式复杂，清理及维修稍困难。 2. 晴天时室内升温较直接受益式慢。但由于蓄热墙体可在夜晚向室内供热，使日夜波幅小，室温较均匀。 3. 适用于全天或主要为夜间使用的房间，如卧室等

基本集热方式	集热及热利用过程	特点及适应范围
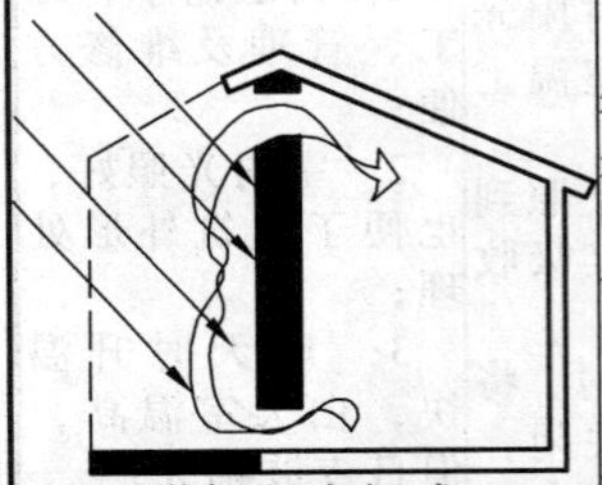 附加阳光间式	1. 在带南窗的采暖房间外用玻璃等透过材料围合成一定的空间。 2. 阳光透过大面积透光外罩，加热阳光间空气，并射到地面、墙面上使其吸收和蓄存一部分热能，一部分阳光可直接射入采暖房间。 3. 阳光间得热的供热方式：靠热压经上下风口与室内空气对流，使室温上升；受热墙体传热至内墙面，夜晚以辐射和对流方式向室内供热	1. 材料用量大，造价较高，但清理、维修较方便。 2. 阳光间内晴天时升温快，温度高，但日夜温差大。应组织好气流循环，向室内供热；否则易产生白天过热现象。 3. 阳光间内可放置一盆花，用于观赏、娱乐、休息等多种功能；也可作为入口兼起冬季室内外空间的缓冲区作用

5.1.3 为了获得更多的太阳辐射，南向集热窗的面积应尽可能地大，但同时需要避免产生过热现象（考虑室内热舒适）及减少夜间的热损失，这样就需要确定合理的窗口面积，同时做好夜间保温。

通过 DOE-2.1E 动态模拟，随着窗墙比的增大，采暖能耗逐渐降低。但随着窗户面积的增大，夜间通过窗户散失的热量也会增大，因此要采用夜间保温措施，当地民居有在外窗内侧设置双扇木板的做法，还可以采用保温窗帘，如由一层或多层镀铝聚酯薄膜和其他织物一起组成的复合保温窗帘。气候温和的西昌、攀枝花等地，采用单层玻璃窗可以提高太阳辐射入射率，而气候寒冷的地区由于夜间通过外窗的热损失占很大比例，因此宜采用双层窗，经济条件好的可选用保温性能较好的低辐射 Low－E 玻璃（应选择太阳辐射透过率较大的 Low－E 玻璃）。

直接受益窗式设计应注意以下原则：

1 根据建筑的热工要求，确定合理的窗口面积。南向集热窗的窗墙面积比宜大于 50%，宜采用屋面集热窗。

2 窗户应采用遮阳系数较大的中空玻璃窗。窗口应设置夜间活动保温装置。

3 窗口应设置防止眩光的装置，屋面集热窗应考虑屋面防雨、雪措施，应设计防止夏季室内过热的通风窗口和遮阳措施。

5.1.4 集热蓄热墙式是在对直接受益式的一种改进，在玻璃与它所供暖的房间之间设置了蓄热体。与直接受益式比较，由于其良好的蓄热能力，室内的温度波动较小，热舒适性较好。但是集热墙系统构造较复杂，系统效率取决于实体集热墙的蓄热能力、是否设置通风口以及外表面的玻璃。经过分析计算，在总辐射强度 $\overline{I}_0 > 300\ \mathrm{W/m^2}$ 时，有通风孔的实体墙式太阳房效率最高,其效率较无通风孔的实体墙式太阳房高出一倍以上。因此，在设计中推荐使用有通风口集热蓄热墙式，其次为附加阳光间式。集热效率的大小随风口面积与空气间层断面面积的比值的增大略有增加，适宜比值为 0.8 左右。集热表面的玻璃以透光系数性和保温性能俱佳为最优选择，因此，单层低辐射玻璃是最佳选择，其次是单框双玻窗。设计集热蓄热墙时，应遵从本设计要点。集热墙体的蓄热量取决于面积与厚度，一般居室墙体面积变化不大，因此，对厚度做以下推荐：当采用砖墙时，可取 240 mm 或 370 mm，混凝土墙可取 300 mm，土坯墙可取 200 ~ 300 mm。

集热蓄热墙方式设计应注意以下原则：

1　集热蓄热墙的材料与厚度的设计，应选择吸收率高、耐久性强的吸热外饰材料。透光罩的透光材料、层数与保温装置，边框构造应便于清洗和维修。集热墙面积应根据热工计算确定。

2　宜设置有通风口集热蓄热墙。风口的位置应保证气流通畅，宜设置风门止回阀，并便于日常维修与管理。

3　宜利用建筑结构构件设置集热蓄热墙或阳光间以提高太阳能的利用率。

4　集热蓄热墙式集热系统的实体墙应有较大的热容量和导热系数。

5　应设计防止夏季室内过热的通风窗口和遮阳措施。

5.1.5　附加阳光间是集热蓄热墙与直接受益式被动式太阳房的混合变形。附加阳光间增加了地面部分为蓄热体，同时减少了温度波动和眩光。当公共墙上的开孔率大于20%时，阳光间内可利用热量基本上可通过空气自然循环进入采暖房间。采用阳光间集热时，应根据设定的太阳能节能率确定集热负荷系数，选取合理的玻璃层数和夜间保温装置。阳光间进深加大，将会减少进入室内的热量，本身热损失加大。当进深为1.2 m时，对太阳能利用率的影响系数为85%左右。

附加阳光间式设计应注意以下原则：

1　组织好阳光间内热空气与室内的循环，阳光间与采暖房间之间的公共墙上的开孔率宜大于20%。

2　集热面积应进行建筑热工设计计算，合理确定透光玻璃的层数，并进行有效的夜间保温措施。

3　阳光间进深不宜大于1.5 m。

4　应考虑夏季阳光间的遮阳和通风设计，防止夏季过热。

5.1.6　在利用太阳能采暖的房间中，为了营造良好的室内热环境，需要注意两点：

1 设置足够的蓄热体，防止室内温度过大波动；

2 蓄热体应尽量布置在能受阳光直接照射的地方。

参考国外的经验结论，单位集热窗面积，宜设置 3~5 倍面积的蓄热体。常用的蓄热材料分为建筑类材料和相变类化学材料。建筑类蓄热材料包括由土、石、砖及混凝土砌块，室内家具（木、纤维板等）也可作为蓄热材料，其性能见表 5.1.6。水的容积比热量大，且无毒价廉，是最佳的显热蓄热材料，但需有容器。鹅卵石、混凝土、砖等蓄热材料的比热容比水小得多，因此在蓄热量相同的条件下，所需体积就要大得多，但这些材料可以作为建筑构件，不需容器或对其要求较低。在建筑设计中选用太阳能集热方式时，还应根据建筑的使用功能、技术及经济的可行性来确定。

表 5.1.6 常用显热蓄热材料的热物性参数

材料名称	表观密度 ρ_0 (kg/m^3)	比热容 C_p [kJ/(kg·°C))	容积比热 $y \cdot C_p$ [$kJ/(m^3 \cdot °C)$]	导热系数 λ [W/(m·K)]
水	1000	4.18	4180	0.54
砾石	1850	0.92	1702	1.20~1.30
砂子	1500	0.92	1380	1.10~1.20
土（干燥）	2000	1.01	2020	1.16
混凝土砌块	2200	0.75	1650	1.51
砖	1800	0.84	1512	0.83
松木	530	1.30	689	0.14（垂直木纹）
硬纤维板	500	1.30	650	0.33
塑料	1200	1.30	1560	0.84
纸	1000	0.84	840	0.42

5.1.7 为减少太阳能集热面在夜间及阴天的散热损失，直接受益窗夜间应设保温窗帘或活动保温板等保温装置，集热蓄热墙或附加阳光间宜设保温装置，减少热损失。

5.2 遮阳与降温

5.2.2 生态植被绿化屋面不仅具有优良的保温隔热性能，而且也是集环境生态效益、节能效益和热环境舒适性为一体的屋顶形式。由于绿化屋面和被动式蒸发屋面具有植被层和种植覆土层等的附加热阻，具有良好的隔热性能，因此，最适宜于夏热冬冷及夏热冬暖地区与温和地区。

屋面多孔材料被动式蒸发冷却降温技术是利用水分蒸发消耗大量的太阳能，以减少传入建筑的热量，在我国南方实际工程应用有非常好的隔热降温效果。

5.2.3 采用浅色饰面材料的建筑屋顶和外墙面，在夏季，当有太阳辐射时，能反射较多的太阳辐射热，从而能降低空调时的得热量和自然通风时的内表面温度；当无太阳辐射时，它又能把屋顶和外墙内部所积蓄的太阳辐射热较快地向外天空辐射出去，降低屋顶外表面温度，减少热量进入室内，改善室内热环境，从而能降低空调时的得热量和自然通风时的内表面温度。因此，围护结构采用浅色饰面对降低夏季空调耗电量和改善室内热环境都起着重要作用。在夏热冬冷、温和地区非常适宜采用这个技术。

5.2.4 夏热冬冷、温和地区建筑设计应综合考虑外廊、阳台、挑檐等的遮阳作用，建筑物的向阳面，东、西向外窗（透明幕墙），应采取有效的遮阳措施。活动外遮阳装置应便于操作和维护，如外置活动百叶窗、遮阳帘等。外遮阳措施应避免对窗口通风产生的不利影响。

窗户是建筑围护结构中热工性能最薄弱的构件。透过窗户进入室内的太阳辐射热，构成夏季室内空调的主要负荷。夏季太阳辐射在东、西向最大，因此东、西向建筑外墙面和外窗设置外遮阳，是减少太阳辐射热进入室内的十分有效措施。外遮阳形式多种多样，如结合建筑外廊、阳台、挑檐遮阳，外窗设置固定遮阳或活动遮阳等。随着建筑节能的发展，遮阳的形式和品种越来越多，各地可结合当地条件灵活采用。

条文中气温日较差指的是一日内，气温最大值与最小值之差，亦称气温日振幅。

5.2.5 在我省攀枝花、西昌等地区，夏季空调室外计算湿球温度普遍较低，昼夜温差较大，宜采用水进行喷淋的被动式直接蒸发冷却。蒸发冷却时，一般可在围护结构表面喷淋浇水或采用直接喷淋蒸发冷却的设备。由于不需要人工冷源，所以能耗较少，是一种节能的降温方式。

5.2.6 为了解决太阳能建筑集热部件在夏季导致室温过热问题，在夏季夜间或室外温度较低时，利用室外温度较低的空气进行通风是建筑降温、节省能耗的一个有效方法。穿堂风是我国南方地区传统建筑解决潮湿闷热和通风换气的主要方法，不论是在住宅群体的布局上，或是在单个住宅的平面与空间构成上，都非常注重穿堂风的形成。

建筑与房间所需要的穿堂风应满足两个要求，即气流路线应流过人的活动范围和建筑群与房间的风速应在 0.30 m/s 以上。

烟囱效应和风塔的设计应科学、合理地利用风压和热压，处理好在建筑的迎风面与背风面形成的风压，注重建筑通风中厅和通风烟囱在功能与建筑构造、建筑室内空间上的结合。

5.2.7 自然通风是我国南方地区防止室内过热的有效措施，也是提高室内空气质量，改善室内热环境的重要措施。目前建筑外窗设计中，外窗面积有越来越大的趋势，但外窗的可开启面积非常小，有的建筑根本达不到外窗开启面积的30%或25%的要求。在这样的外窗开启面积下，欲创造一个室内自然通风良好的热环境是不可能的。为保证居住建筑室内的自然通风环境，强调提出本条规定是非常必要和现实的。洞口通风设计包括进、排风口设计和室内通风路径设计，并应符合下列规定。

进、排风口的设计应充分利用环境空气的动压和热压，宜满足以下要求：

1 进风口的洞口平面尽量垂直于夏季主导风向，夹角不小于45°，风口底部离地板不超过1.2 m。

2 排风口的位置高于进风口，避免与进风口布置在同一面墙上。

3 进、排风口的平面布置应避免出现通风短路。

4 进、排风口总面积按照洞口处平均风速不大于 1 m/s设计，排风口总面积不小于进风口总面积。

5 对于使用供热或空调系统的空间，进、排风口应能方便开启和关闭。

室内通风路径的设计应遵循布置均匀、阻力小的原则，宜满足以下要求：

1 室内开敞空间、走道、室内房间的门窗、多层的共享空间或者中庭均可作为室内通风路径。在室内空间设计时组织好上述空间，使室内通风路径布置均匀，避免出现通风死角。

2 在室内平面功能设计时考虑自然通风效果，将人流密度大或发热量大的场所布置在主通风路径上；将人流密度大的场所布置在主通风路径的上游；将人流密度小但发热量大的场所布置在主通风路径的下游。

3 室内通风路径的总截面面积大于排风口面积。